BINAS

vmbo-kgt

2e editie

Informatieboek voor NaSk 1 en NaSk 2

Samengesteld door een NVON-commissie
J.T. Boer
C.B. Giugie
A. Niënkemper

Noordhoff Uitgevers

OK

Omslagontwerp: Bloemvis Design en communicatie, Josée Jansen
Ontwerp binnenwerk: Studio Dorèl/Josée Jansen, Groningen
Omslagbeeld: Foto Natura/Picture Box
Technisch tekenwerk: Grafisch Buro Sinke

FSC
www.fsc.org
MIX
Papier van verantwoorde herkomst
FSC® C118189

14 / 19

ISBN 978-90-01-80069-7

Inhoud

Voorwoord

Het informatieboek *Binas vmbo-kgt NaSk 1 en NaSk 2, 2e editie* is bestemd voor het voortgezet onderwijs in de kaderberoepsgerichte, gemengde en theoretische leerweg van het vmbo.
In deze herziene editie zijn verouderde tabellen aangepast en enkele nieuwe tabellen toegevoegd.
Deze tweede editie is door het CvTE als hulpmiddel toegestaan bij de centrale examens natuur- en scheikunde vanaf 2013.

Dit boek zal, net als de eerdere editie, door docenten en leerlingen worden ervaren als een handig en onontbeerlijk naslagwerk dat wekelijks wordt gebruikt bij toetsen, bespreking van nieuwe leerstof en practica in het derde en vierde leerjaar van het vmbo.

Binas vmbo-kgt NaSk 1 en NaSk 2 bevat schema's met natuurkundige, scheikundige en algemeen natuurwetenschappelijke informatie. De inhoud is volledig geactualiseerd en nauwkeurig afgestemd op de vmbo-examenprogramma's van NaSk 1 en NaSk 2. Er is dankbaar gebruikgemaakt van de vele suggesties van docenten die dagelijks met Binas werken.

De schema's zijn uniek genummerd. De pagina's daarentegen zijn niet genummerd, om de nummers van de schema's niet te verwarren met paginacijfers.

De boeken kunnen inclusief een **e-booklicentie** worden geleverd. Bij aanschaf van het boek krijgen de leerlingen de digitale variant er dan standaard bij. Het boek en de e-booklicentie zijn ook los verkrijgbaar.

Andere Binas-uitgaven zijn:
- *Binas vmbo-basis NaSk 1, 2e editie*, voor de basisberoepsgerichte leerweg.
- *Binas havo en vwo, 5e editie*
- *Binas English edition,* voor het tweetalig onderwijs en onderwijs in andere landen.
- *Binas vmbo-kgt biologie*
- *Binas vmbo-basis biologie*
- *Binas online*[1]

Alle Binas-boeken worden ondersteund met de internetsite www.binas.noordhoff.nl. Via deze site kunt u contact met ons opnemen voor vragen en opmerkingen of om eventuele correcties door te geven.
Op deze site vindt u ondermeer errata, kennismakingsopdrachten, examentrainingsopdrachten en een **omnummertabel** van *Binas vmbo-kgt 1e editie* naar *Binas vmbo-kgt 2e editie*.

Deze uitgave is op verzoek van het bestuur van de NVON ontwikkeld door een commissie waarin de secties natuurkunde, scheikunde en biologie zijn vertegenwoordigd.
De vaksecties van het CvTE hebben richtlijnen en aanwijzingen gegeven.
Het bestuur verwacht dat deze uitgave een bijdrage zal leveren aan de doorgaande ontwikkeling van het onderwijs in de natuurwetenschappen.

Het bestuur van de
Nederlandse Vereniging voor het Onderwijs in de Natuurwetenschappen, de NVON.

1 Binas online is een e-booklicentie voor docenten en is beschikbaar in de varianten havo/vwo 5e editie, vmbo-kgt en vmbo-basis 1e editie, of een combinatie daarvan.

1 Veel gebruikte waarden

naam	*symbool*	*afgeronde waarde*
valversnelling	g	10 m/s^2 op aarde
	g_{maan}	1,6 m/s^2 op de maan
dichtheid	ρ	1,0 g/cm^3 (water bij 277 K)
lichtsnelheid	c	$3{,}0 \cdot 10^8$ m/s
geluidssnelheid	v_{geluid}	343 m/s in lucht bij 293 K
standaarddruk	p_0	$1{,}0 \cdot 10^5$ Pa
absolute temperatuur	T	0 K = – 273 °C
kamertemperatuur	T	293 K = 20 °C
pi	π	3,14

2 Omrekenregels

1 m^2	= $1{,}0 \cdot 10^4$ cm^2
1 m^3	= $1{,}0 \cdot 10^6$ cm^3
1 dm^3	= 1 L
1 cm^3	= 1 mL
1 kWh	= $3{,}6 \cdot 10^6$ J
1 bar	= $1{,}0 \cdot 10^5$ Pa
1 hPa	= 100 Pa

3 Vermenigvuldigingsfactoren

factor	*naam*	*symbool*	*betekenis*
10^{-9}	nano	n	miljardste
10^{-6}	micro	μ	miljoenste
10^{-3}	milli	m	duizendste
10^{-2}	centi	c	honderste
10^{-1}	deci	d	tiende
10^{1}	deca	da	tien
10^{2}	hecto	h	honderd
10^{3}	kilo	k	duizend
10^{6}	mega	M	miljoen
10^{9}	giga	G	miljard
10^{12}	tera	T	biljoen

Uit het Griekse alfabet 4

naam	*groot*	*klein*
alpha	A	α
bèta	B	β
gamma	Γ	γ
delta	Δ	δ
èta	H	η

naam	*groot*	*klein*
labda	Λ	λ
mu	M	μ
pi	Π	π
omega	Ω	ω
rho	P	ρ

Omtrek, oppervlakte en inhoud 5

	Omtrek
vierkant	$4 \cdot z$
rechthoek	$2 \cdot l + 2 \cdot b$
parallellogram	$2 \cdot l + 2 \cdot b$
ruit	$4 \cdot z$
driehoek	$z_1 + z_2 + z_3$
cirkel	$2\pi \cdot r = \pi \cdot d$

	Oppervlakte
vierkant	z^2
rechthoek	$l \cdot b$
parallellogram	$b \cdot h$
ruit	$0{,}5 \cdot d_1 \cdot d_2$
driehoek	$0{,}5 \cdot b \cdot h$
cirkel	$\pi \cdot r^2 = 0{,}25\,\pi \cdot d^2$
cilindermantel	$2\pi \cdot r \cdot h = \pi \cdot d \cdot h$
bol	$4\pi \cdot r^2 = \pi \cdot d^2$

	Inhoud
kubus	z^3
balk	$l \cdot b \cdot h$
prisma	$G \cdot h$ = oppervlakte grondvlak × hoogte
piramide	$\frac{1}{3} \cdot G \cdot h$
kegel	$\frac{1}{3} \cdot G \cdot h$
cilinder	$G \cdot h = \pi \cdot r^2 \cdot h = 0{,}25\,\pi \cdot d^2 \cdot h$
bol	$\frac{4}{3}\pi \cdot r^3 = \frac{1}{6}\pi \cdot d^3$

6 Enkele grootheden

grootheid	*symbool*	*eenheid*	*afkorting van de eenheid*
activiteit (radioactiviteit)	A	becquerel	Bq
afgelegde weg	s	meter	m
arbeid	W	joule	J
bewegingsenergie	E_k	joule	J
capaciteit	C	ampère-uur	Ah
dichtheid	ρ	gram per kubieke centimeter	g/cm^3
druk	p	pascal	Pa (= N/m^2)
		millibar	mbar (= 100 Pa)
elektrische spanning	U	volt	V
elektrische stroom	I	ampère	A
elektrische weerstand	R	ohm	Ω
energie	E	joule	J
frequentie	f	hertz	Hz
geluidsniveau	L_p	decibel	dB (A)
geluidssterkte	L_i	decibel	dB
kinetische energie	E_k	joule	J
kracht	F	newton	N
lengte	l	meter	m
lineaire uitzettingscoëfficiënt	α	per kelvin	1/K
luchtgeluidisolatiewaarde	R	decibel	dB
massa	m	kilogram	kg
moment	M	newton meter	Nm
oppervlakte	A	vierkante meter	m^2
potentiële energie	E_p	joule	J
radioactiviteit	A	becquerel	Bq
rendement	η		
snelheid	v	meter per seconde	m/s
soortelijke warmte	c	joule per gram per kelvin	$J/(g \cdot K)$
soortelijke weerstand	ρ	ohm vierkante millimeter per meter	$\Omega \cdot mm^2/m$
temperatuur	T	graad Celsius	°C
		kelvin	K
trillingstijd (periode)	T	seconde	s
tijd	t	seconde	s
toerental	n	aantal omwentelingen per minuut	1/min
vermogen	P	watt	W(= J/s)
versnelling	a	meter per seconde kwadraat	m/s^2
volume	V	kubieke meter	m^3
warmte	Q	joule	J
warmtegeleidingscoëfficiënt	λ	watt per meter kelvin	$W/(m \cdot K)$
warmtedoorgangscoëfficiënt	K	watt per vierkante meter kelvin	$W/(m^2 \cdot K)$
zwaarte-energie	E_z	joule	J

1	beweging met constante snelheid	$s_e - s_b = v \cdot t$	**of**	$s = v \cdot t$
2	gemiddelde snelheid	$\bar{v} = \frac{s_e - s_b}{t}$		$\bar{v} = \frac{s}{t}$
3	versnelling	$a = \frac{v_e - v_b}{t}$		
4	éénparig versnelde beweging	$v_e = v_b + a \cdot t$	**en**	$s_e = v_b \cdot t + 0{,}5 \cdot a \cdot t^2$
5	éénparig vertraagde beweging	$v_e = v_b - a \cdot t$	**en**	$s_e = v_b \cdot t - 0{,}5 \cdot a \cdot t^2$
6	omtreksnelheid	$v = \frac{\pi \cdot d \cdot n}{60}$		
7	tandwieloverbrenging	$n_1 \cdot d_1 = n_2 \cdot d_2$	**en**	$n_1 \cdot z_1 = n_2 \cdot z_2$ (z is het aantal tanden)
8	kracht	$F = m \cdot a$		
9	gewicht	$F_G = m \cdot g$		
10	druk	$p = \frac{F}{A}$		
11	arbeid	$W = F \cdot s$		
12	vermogen	$P = \frac{W}{t}$		
13	kinetische energie (bewegingsenergie)	$E_k = 0{,}5 \cdot m \cdot v^2$		
14	potentiële energie (zwaarte-energie)	$E_p = m \cdot g \cdot h$		$(E_z = m \cdot g \cdot h)$
15	moment	$M = F \cdot l$		
16	evenwichtsvoorwaarde	$M_1 + M_2 + \ldots = 0$	**of**	$M_{linksom} = M_{rechtsom}$

8 Geluid

1 geluidssnelheid	$v_{geluid} = \frac{s}{t}$
2 frequentie	$f = \frac{1}{T}$
3 trillingstijd	$T = \frac{1}{f}$

9 Vaste stoffen, vloeistoffen en gassen

1 dichtheid	$\rho = \frac{m}{V}$
2 Wet van Boyle	$p \cdot V$ = constant (bij constante T en afgesloten hoeveelheid gas)
3 vloeistofdruk	$p = \rho \cdot h \cdot g$

10 Energie

1 opgenomen (afgestane) warmte	$Q = m \cdot c\,(T_e - T_b)$
2 behoud van warmte	$Q_{opgenomen} = Q_{afgestaan}$
3 capaciteit	$C = I \cdot t$
4 vermogen	$P = \frac{E}{t}$
5 rendement	$\eta = \frac{P_{af}}{P_{op}} \times 100\%$ $\eta = \frac{E_{af}}{E_{op}} \times 100\%$

11 Licht en beeld

1 terugkaatsingswet	$\angle i = \angle t$
2 lenzenformule	$\frac{1}{f} = \frac{1}{v} + \frac{1}{b}$
3 lineaire vergroting	$N_{lin} = \frac{b}{v}$

Elektriciteit 12

1 weerstand	$R = \frac{U}{I}$	
2 vermogen	$P = U \cdot I$	
3 energie	$E = P \cdot t$	
4 draadweerstand	$R = \rho \cdot \frac{l}{A}$	
5 stroomvertakkingen	$I = I_1 + I_2$	
6 serieschakeling	$R_v = R_1 + R_2 + \ldots$	
7 parallelschakeling	$\frac{1}{R_v} = \frac{1}{R_1} + \frac{1}{R_2}$ **of**	$R_v = \frac{R_1 \cdot R_2}{R_1 + R_2}$
8 transformator	$\frac{n_p}{n_s} = \frac{U_p}{U_s}$	
9 vermogen bij ideale transformator	$P_p = P_s$	

Kleurcodes van weerstanden 13

Waarden in Ω

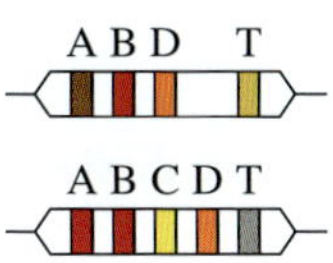

} kool- of metaalweerstanden

A: eerste cijfer
B: tweede cijfer
C: derde cijfer
D: vermenigvuldigen met 10^n
T: tolerantie

A/B/C	
zwart	0
bruin	1
rood	2
oranje	3
geel	4
groen	5
blauw	6
paars	7
grijs	8
wit	9

D	$n =$
zwart	0
bruin	1
rood	2
oranje	3
geel	4
groen	5
blauw	6

T		
bruin	± 1%	R
rood	± 2%	R
goud	± 5%	R
zilver	± 10%	R
geen kleur	± 20%	R

Elektrotechnische symbolen

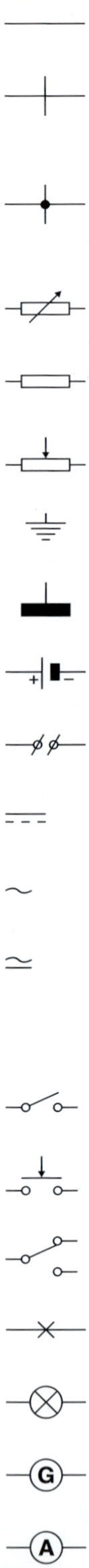

symbool	*omschrijving*
	draad zonder weerstand
	kruisende draden (niet elektrisch verbonden)
	snijdende draden (elektrisch verbonden)
	variabele weerstand
	weerstand
	spanningsdeler
	aardverbinding
	massaverbinding
	element, batterij
	spanningsbron
	gelijkspanning, gelijkstroom
	wisselspanning, wisselstroom
	gelijkspanning (-stroom) en wisselspanning (-stroom) mogelijk
	schakelaar
	drukschakelaar
	wisselschakelaar
	lichtpunt
	(signaal)lamp
	dynamo (generator)
	ampèremeter

symbool	*omschrijving*
	voltmeter
	kilowattuurmeter
	elektromotor
	spoel
	spoel met kern
	transformator
	LDR (lichtgevoelige weerstand)
	NTC (weerstand met negatieve temperatuurcoëfficiënt)
	smeltveiligheid
	zoemer
	luidspreker
	diode
	LED (licht uitzendende diode)
	transistor
	condensator
	relais
	reedcontact
	dubbele isolatie
	aardlekschakelaar

Gegevens van enkele vaste stoffen

Als een waarde binnen een interval kan liggen, is steeds het midden van het interval genomen.

	dichtheid bij kamer-temperatuur	*smeltpunt*	*smeltwarmte*	*soortelijke warmte*	*soortelijke weerstand bij kamer-temperatuur*
	g/cm³	K	J/g	J/(g · K)	Ω · mm²/m
aluminium	2,70	933	397	0,88	0,027
baksteen	1,80	–	–	0,75	–
beton	2,3	–	–	0,99	–
chroom	7,19	2180	280	0,45	0,130
constantaan	8,90	1540	–	0,41	0,450
diamant	3,52	> 3800	17 000	0,49	–
glas	2,60	–	–	0,84	–
goud	19,30	1337	66	0,129	0,022
grafiet	2,25	3823	17 000	0,69	10,0
graniet	2,70	–	–	0,82	–
hout - eikenhout	0,78	–	–	2,39	–
- vurenhout	0,58	–	–	2,72	–
keukenzout	2,17	1081	500	0,88	–
koper	8,96	1356	205	0,387	0,017
lood	11,35	601	25	0,128	0,210
magnesium	1,74	922	368	1,026	–
messing	8,50	1170	–	0,38	0,6
nikkel	8,90	1726	310	0,46	0,078
paraffine	0,85	325	147	2,9	–
plexiglas	1,20	–	–	1,5	–
porselein	2,40	1900	–	0,8	–
rubber	1,2	–	–	1,5	–
staal	7,80	1780	–	0,46	–
suiker	1,58	458	56	1,2	–
tin	7,28	505	59	0,22	–
ijs (269 K)	0,92	273	334	2,2	–
ijzer	7,87	1808	276	0,46	0,105
zilver	10,50	1234	105	0,24	0,016
zink	7,13	693	107	0,386	0,062

16 Gegevens van enkele vloeistoffen

	dichtheid bij kamer-temperatuur	*smeltpunt, stolpunt*	*smeltwarmte*	*soortelijke warmte bij kamer-temperatuur*	*kook-punt*
	g/cm^3	K	J/g	J/(g × K)	K
alcohol (ethanol)	0,80	159	105	2,43	351
benzine	0,72	123	–	2,1	–
ether	0,71	157	115	2,3	308
kwik	13,5	234	12	0,14	630
melk	1,02 - 1,04	272	92	3,9	373
olijfolie	0,92	–	–	1,65	570
petroleum	0,79	203	–	2,14	423
spiritus*	0,84	183	–	–	351
stookolie	0,95	–	–	–	–
water (277 K)	1,00	273	334	4,18	373
zeewater	1,02	270	334	3,93	–
zwavelzuur	1,84	284	–	1,38	603

* De samenstelling van brandspiritus is meestal: 85% ethanol, 10% water, 3% methanol, 1% aceton en 1% pyridine (een geurstof), plus een blauwe kleurstof.

17 Gegevens van enkele gassen en dampen

	dichtheid bij kamer-temperatuur $p = p_0$	*smeltpunt,* $p = p_0$	*verdampings-warmte*	*soortelijke warmte bij kamer-temperatuur*	*kookpunt* $p = p_0$
	kg/m^3	K	J/g	J/(g × K)	K
aardgas	0,833	–	–	1,9	–
ammoniak	0,77	195	1,39	2,06	240
chloor	3,21	172	0,29	20,49	239
fluor	1,70	54	0,17	0,82	85
helium	0,178	1,5	0,021	5,1	4,2
koolstofdioxide	1,986	195	0,57	0,82	–
koolstofmono-oxide	1,25	74	0,21	1,05	82
lucht	1,293	60	0,21	1,00	80
ozon	2,22	80	0,25	0,79	161
neon	0,90	25	0,51	2,21	112
propaan	2,02	86	0,43	1,53	231
stikstof	1,25	63	0,20	1,04	77
waterdamp	0,598	273	2,26	2,0	373
waterstof	0,090	14	0,45	14,3	20,3
zuurstof	1,43	54	0,21	0,92	90
zwaveldioxide	2,93	200	0,39	0,64	263

Rendementen bij energieomzettingen

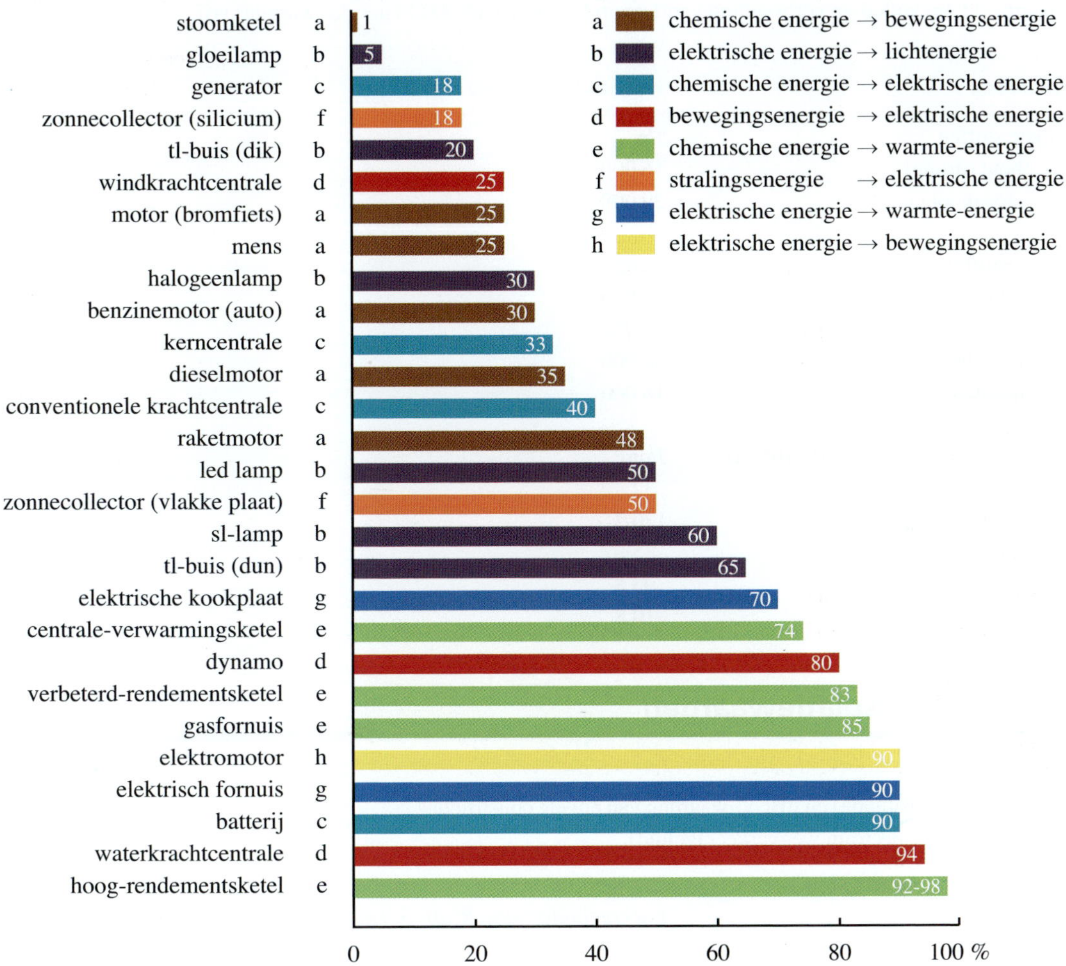

19 Verbrandingswarmte van enkele stoffen

Voorbeeld: bij volledige verbranding van 1 gram hout komt 16 000 J energie (warmte) vrij.

brandstof	*verbrandingswarmte*
Vaste stoffen	J/g
hout (droog)	16 000
steenkool	29 000
Vloeistoffen ($T = 293$ K)	J/cm^3
benzine	33 000
dieselolie	36 000
petroleum	32 000
spiritus	18 000
Gassen ($T = 273$ K, $p = 1{,}0 \cdot 10^5$ Pa)	J/cm^3
aardgas	32
butaan	120,7
methaan	35,8
propaan	93,8
waterstof	10,8

20 Luchtgeluidisolatiewaarden

R (laboratoriumsituatie) en dB(A)-waarden van enkele constructies (voor standaardspectrum wegverkeersgeluid).

	Luchtgeluidisolatie R(dB) bij middenfrequentie (Hz)					
constructie	*125*	*250*	*500*	*1000*	*2000*	*dB(A)*
Enkel glas						
4 mm	19	23	26	30	32	27
8 mm	23	26	30	32	28	29
Dubbel glas						
4-6-4 mm	22	23	23	32	35	26
4-100-4 mm	24	32	40	48	50	36
Gasgevuld dubbel glas						
5-9-8 mm	24	22	32	39	39	30
Spouwmuur: spouw 40-65 mm						
160 kg/m^2	36	40	43	50	57	44
400 kg/m^2	41	46	52	59	64	51

k-waarden (warmtedoorgangscoëfficiënt)

	$W/(m^2 \cdot K)$
glas	
raam:	
• enkel glas	5,7
• dubbelglas, 8 mm spouw	3,5
hoogrendementsglas,	
bij 15 mm spouw	
raam, hoogrendementsglas	1,1
hoogrendementsglas:	
• met hardhouten venster	1,7
• met aluminium venster	1,9
• met kunststof venster	1,7
raam, glas met thermisch gas	1,5
glas met thermisch gas:	
• met hardhouten venster	2,0
• met aluminium venster	2,2
• met kunststof venster	2,0
gevels:	
buitendeur, massief hout	3,5
binnenmuur:	
• halfsteens, kalkzand	7,1
• steens, kalkzand	3,8
buitenmuur:	
• halfsteens, kalkzand	12,5
buitenspouwmuur:	
• tweemaal halfsteens, kalkzand	2,7
• half- en heelsteens, kalkzand	2,0

	$W/(m^2 \cdot K)$
partieel gevulde spouwmuur:	
• 30 mm PIR- of PUR-schuim	0,60
• 60 mm PIR- of PUR-schuim	0,35
• 30 mm PS-schuim	0,72
• 60 mm PS-schuim	0,45
• 30 mm minerale wol	0,79
• 60 mm minerale wol	0,50
pannendak:	
• enkel houten beschot, 17 mm	4,5
• dubbel houten beschot, 2 × 17 mm	2,0
pannendak met isolatie,	
op dakbeschot:	
• 40 mm PIR- of PUR-schuim	0,60
• 40 mm PS-schuim	0,73
• 40 mm minerale wol	0,79
pannendak met isolatie,	
onder dakbeschot:	
• 40 mm PS-schuim	0,67
• 40 mm minerale wol	0,75
pannendak met isolatie	
en spouw:	
• 40 mm PS-schuim	0,61
• 40 mm minerale wol	0,67

λ-waarden (warmtegeleidingscoëfficiënt)

	$W/(m \cdot K)$
gevelmetselwerk (direct blootgesteld aan regen)	1,0
ander baksteenmetselwerk	0,70
metselwerk van kalkzandsteen	0,90
cellenbeton	0,20
gips	0,18
glaswol en steenwol	0,04
spaanplaat	0,17

22 Doordringend vermogen van straling in enkele stoffen

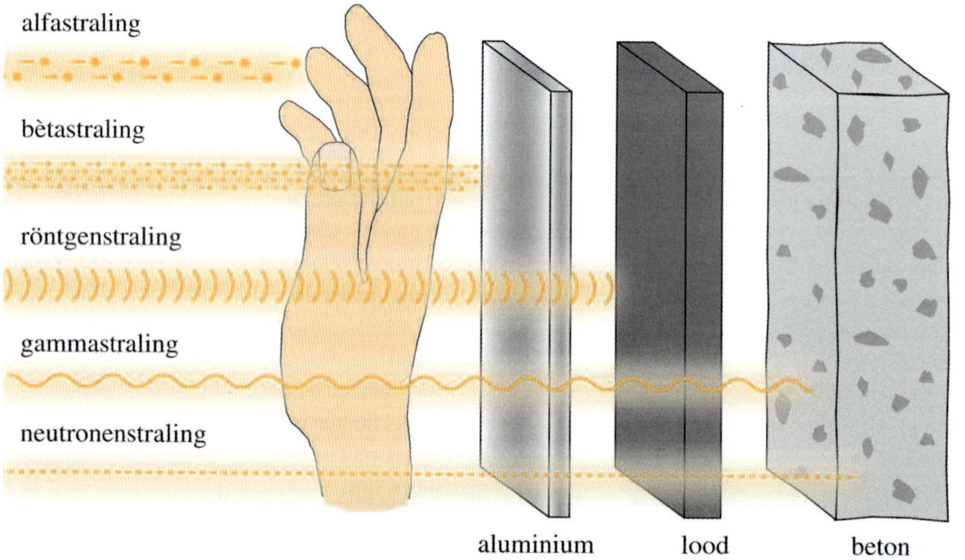

23 Golven die zich voortplanten met de lichtsnelheid

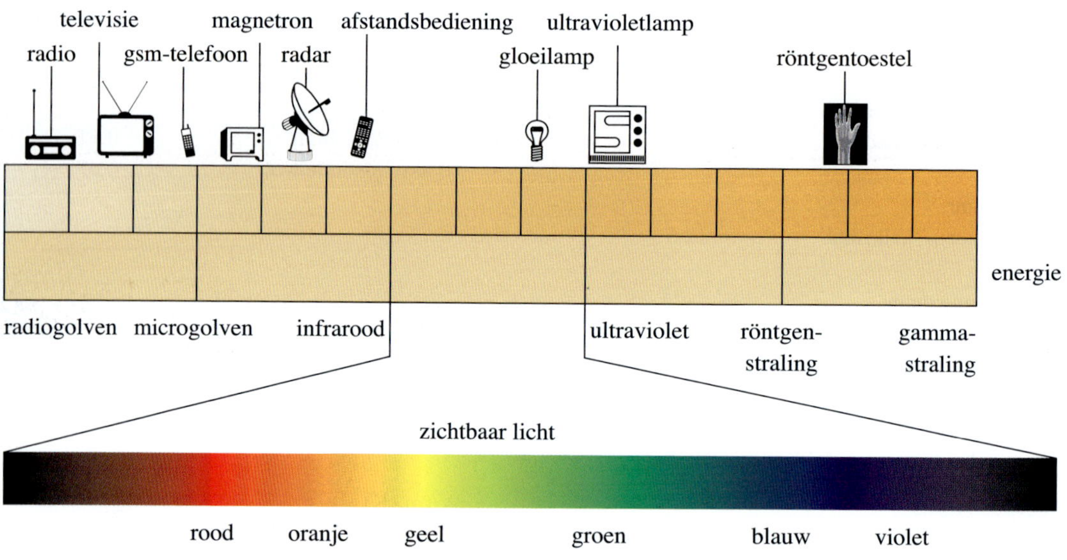

Symbolen van de weerkaart

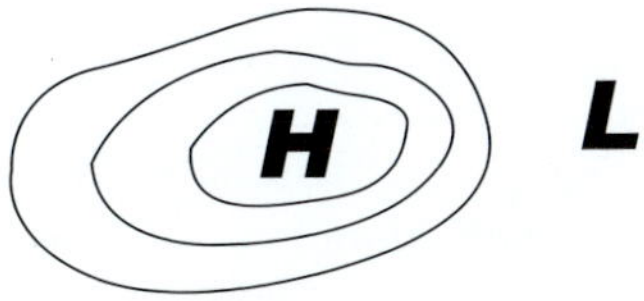

1 Hogedrukgebieden (H) en lagedrukgebieden (L)

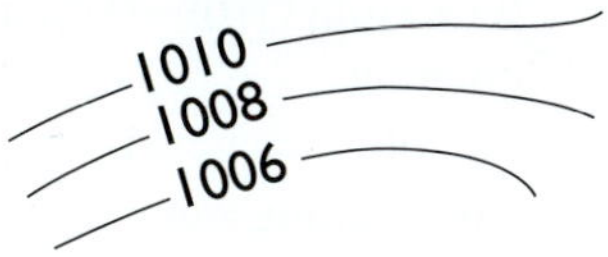

2 Isobaren: lijnen die de plaatsen verbinden waar de druk gelijk is. De druk wordt aangegeven in hPa.

3 Koufront: scheiding tussen koude en warme lucht. De richting waarin het zich beweegt wordt aangegeven met de driehoekjes.

4 Warmtefront: scheiding tussen warme en koude lucht. De richting waarin het zich beweegt wordt aangegeven met de halve schijfjes.

5 Windsnelheid en windrichting.
Richting: de richting naar het cirkeltje toe.
Snelheid:

- windstil
- 10 km/uur
- 20 km/uur
- 40 km/uur
- 60 km/uur
- 80 km/uur
- 100 km/uur

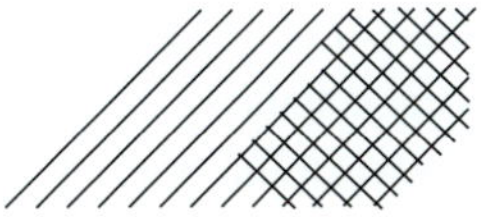

6 Regenval in de laatste 24 uur:

- minder dan 25 mm
- meer dan 25 mm

7 Bewolking: in het cirkeltje (plaats van het station) wordt aangegeven hoeveel bewolking er is.

- onbewolkt
- licht bewolkt
- half bewolkt
- zwaar bewolkt
- geheel bewolkt

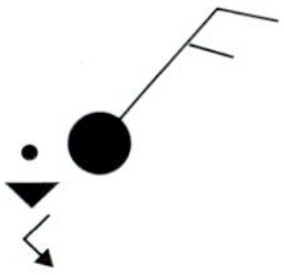

8 Tekens bij het station:

- mist
- motregen
- regen
- sneeuw
- hagel
- bui
- weerlicht
- onweer

25 Schaal van windsnelheden

windsterkte volgens Beaufort	*gemiddelde windsnelheid op 10 m hoogte boven zeeniveau (KNMI)*		
	m/s	*omschrijving*	*toelichting*
0	0	windstil	rook stijgt (vrijwel) recht omhoog
1	0 – 3	zwakke wind	rookpluimen geven windrichting aan
2			bladeren en windvanen bewegen
3	3 – 8	matige wind	bladeren en twijgen bewegen voortdurend
4			kleine takken beginnen te bewegen – stof en papier dwarrelt op
5	8 – 11	vrij krachtige wind	takken met bladeren bewegen
6	11 – 14	krachtige wind	grote takken bewegen – wind fluit en zoemt
7	14 – 17	harde wind	bomen bewegen – wind is hinderlijk
8	17 – 20	stormachtige wind	twijgen breken af – lopen wordt moeilijk
9	20 – 24	storm	weinig schade – dakpannen waaien af
10	24 – 28	zware storm	veel schade – ontwortelde bomen
11	28 – 32	zeer zware storm	heel veel schade
12	32 – 37	orkaan	ernstige verwoesting
13	37 – 41	orkaan	
14	41 – 46	orkaan	
15	46 – 51	orkaan	totale verwoesting
16 – 17	≥ 51	orkaan	

Luchtdruk en hoogte 26

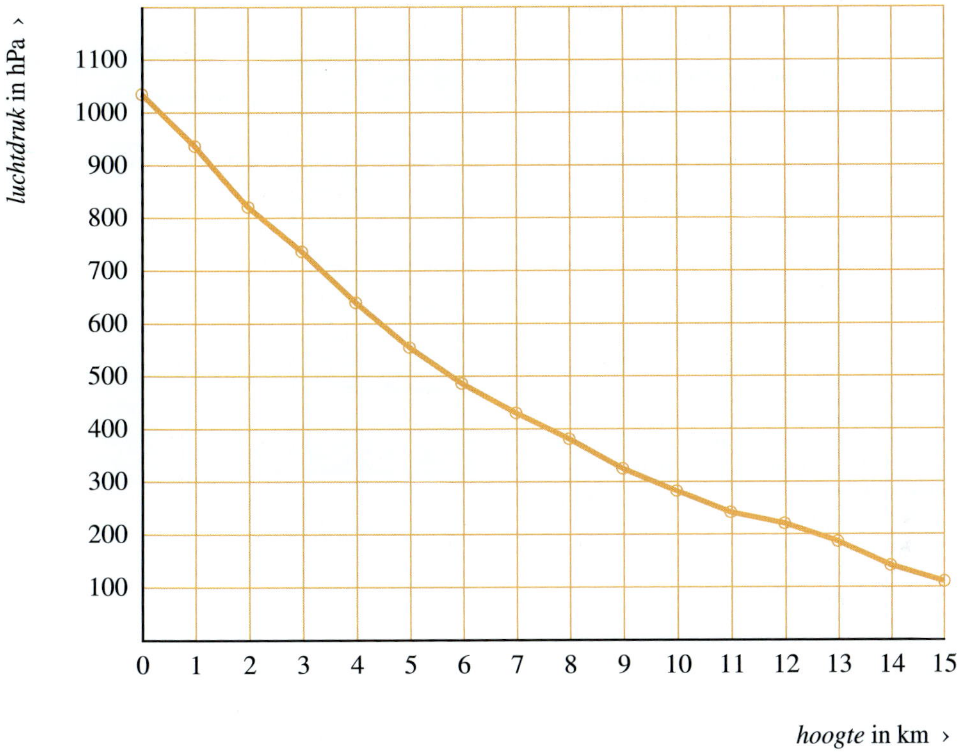

Voortplantingssnelheid van geluid in enkele stoffen 27

($T = 293$ K)

stof	*voortplantingssnelheid* m/s
Vaste stoffen	
aluminium	5080
beton	4300
glas	4300
kurk	500
steen	3600
ijs ($T = 269$ K)	3280
ijzer	5100

stof	*voortplantingssnelheid* m/s	
Vloeistoffen		
olie	1500	
water	1480	
zeewater	1510	
Gassen		
aardgas	430	
koolstofdioxide	259	
lucht	343	
lucht	340	(bij 288 K)
waterstof	1280	

Gehoorgevoeligheid

geluids-niveau in dB	*omschrijving*		*zone*
0		veilig geluid	gehoordrempel
10	normale ademhaling, vallend blad		net hoorbaar
20	boomblaadjes in de wind; fluisteren op 1,5 m afstand		
30	leeszaal bibliotheek; zacht gefluister op 5 m afstand		erg stil
40	huiskamer; slaapkamer; rustige woonbuurt; zacht geroezemoes in een klas		stil
50	licht autoverkeer op 30 m afstand; koelkast; rustig gesprek; zachte muziek		rustig
55	koffiezetapparaat; elektrische tandenborstel		
60	airconditioning; wasmachine; wasdroger; dichtbij hard roepen; pianospel; straaljager op 6000 m hoogte		indringend
70	verkeer op de snelweg; elektrisch scheerapparaat; stofzuiger; geluid van hard staande tv; auto op 15 m afstand		storend bij telefoneren
75	elektrische mixer; druk restaurant; straaljager op 3000 m hoogte		
80	wekkeralarm op 0,7 m afstand; haardroger; zwaar verkeer op 15 m afstand; pneumatisch gereedschap op 15 m afstand		hinderlijk
85	bromfietser dichtbij; straaljager op 1500 m hoogte; geluid van vliegtuig door de geluidsbarrière	gevaarlijk geluid; kans op gehoor-beschadiging	zeer hinderlijk; gehoorbeschadiging na 8 uur aanhoren van dit geluid
90	zware vrachtwagen op 15 m afstand; druk stadsverkeer; passerende motorfiets; kleine luchtcompressor		
95	elektrische drilboor; op de snelweg rijden met open dak; viool; straaljager op 600 m hoogte		zeer luid
100	mp3-speler voluit spelend; metro; machine in fabriek; boombox; in de auto op drukke snelweg; straaljager op 300 m hoogte		
105	sneeuwblazer; helikopter op 30 m hoogte; roffel op grote trom; straaljager op 150 m hoogte		
110	heimachine; rockconcert disco; drukke videospelhal; hard spelende radio of hifi; straaljager op 90 m hoogte	toenemende kans op gehoor-beschadiging	extreem luid
115	krijsende trein- en metrowielen		
120	luidste menselijke stem; autoclaxon op 1 m afstand; startend vliegtuig op 70 m afstand; kettingzaag; sirene van ambulance; gejuich in een voetbalstadion	toenemende kans op gehoor-beschadiging	extreem luid
125	hifi in de auto (normale installatie); piek van symfonie-orkest		
130	donderslag; luchtalarm; stock-car race		
135	sommige luide speelgoedpiepbeestjes	permanente gehoorschade	pijngrens
140	luchtalarmsirene van dichtbij; vliegtuigen op vliegdekschip; straalvliegtuig op 300 m hoogte		
150	startend straalvliegtuig van dichtbij; voetzoeker; knallen van een ballon; piek van rockconcert	permanente gehoorschade	pijngrens
160	vuurwerk op 1,5 m afstand; geweerschot		
170	schot van krachtig hagelgeweer		
180	raketlanceerplatform	onherstelbare gehoorschade	
194	raket (geluidsdruk is 100 kPa)		

Veroudering gehoorgevoeligheid

29

Bij het ouder worden neemt de gevoeligheid van het oor af.

leeftijd	*1000 Hz*	*3000 Hz*	*6000 Hz*	*12 000 Hz*
30 jaar	1 dB	2 dB	4 dB	8 dB
40 jaar	3 dB	5 dB	9 dB	20 dB
50 jaar	5 dB	8 dB	16 dB	40 dB
60 jaar	8 dB	13 dB	24 dB	66 dB

De gemiddelde afname van het gehoorvermogen als functie van de leeftijd.

Maximale blootstellingsduur

30

Bij dagelijkse blootstelling is het verstandig vanaf 80 dB altijd geluidsbeschermers te dragen en vanaf 90 dB goede oordoppen.
Gehoorbeschadiging is meestal cumulatief, dus elke beschadiging telt op bij de al aanwezige beschadiging.

geluidssterkte in dB	tijd*
tot 80 dB	onbeperkt
85-90	8 uur
92	6 uur
95	4 uur
97	3 uur
100	2 uur
102	1,5 uur
105	1 uur
110	30 min.
115	15 min.
120	7,5 min.
130	3,5 min.
boven 135 dB	0 min.

* Bij *tijd* is aangegeven hoelang je oren maximaal het geluid kunnen verdragen.

31 Veiligheidspictogrammen

Gebod Moet!

oogbescherming verplicht

handenwassen verplicht

gelaatsbescherming verplicht

gehoorbescherming verplicht

veiligheidshelm verplicht

Verbod Mag niet!

roken verboden

vuur, open vlam en roken verboden

gsm-toestellen verboden

niet aanraken, behuizing onder spanning

verboden met water te blussen

Waarschuwing Opgelet!

niet mengen

ontvlambaar

explosief

oxiderend

gassen onder druk

corrosief

giftig

irriterend sensibiliserend schadelijk

lange termijn gezondheidsgevaarlijk

gevaarlijk voor waterrijk milieu

Redding Veilige weg in geval van nood

vluchtweg

(nood)uitgang

eerste hulp

ogen spoelen

veiligheidsdouche

Brandpreventie Brandbestrijding als er brand is

brandmelder

telefoon voor brandalarm

blusapparaat

blusdeken

blusslang

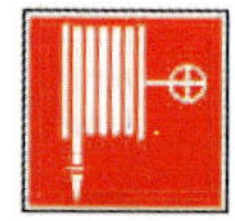

stof	*symbool*	*massa-getal*	*aantal protonen*	*aantal neutronen*	*halfwaarde-tijd*	*straling*
waterstof	H	1	1	–	–	–
deuterium	H-2	2	1	1	–	–
tritium	H-3	3	1	2	12,3 j	ß
helium	He	4	2	2	–	–
koolstof	C	12	6	6	–	–
koolstof	C-14	14	6	8	5730 j	ß
stikstof	N	14	7	7	–	–
stikstof	N-13	13	7	6	9,7 min	ß
zuurstof	O	16	8	8	–	–
natrium	Na	23	11	12	–	–
natrium	Na-22	22	11	11	2,6 j	ß, γ
magnesium	Mg	24	12	12	–	–
aluminium	Al	27	13	14	–	–
aluminium	Al-28	28	13	15	2,4 min	ß, γ
zwavel	S	32	16	16	–	–
chloor	Cl	35	17	18	–	–
chloor	Cl-37	37	17	20	–	–
chroom	Cr	52	24	28	–	–
ijzer	Fe	56	26	30	–	–
ijzer	Fe-59	59	26	33	45 dg	ß, γ
nikkel	Ni	58	28	30	–	–
koper	Cu	63	29	34	–	–
koper	Cu-64	64	29	35	12,7 u	ß
zink	Zn	64	30	34	–	–
zilver	Ag	107	47	60	–	–
zilver	Ag-110	110	47	63	24 sec	ß
tin	Sn	120	50	70	–	–
tin	Sn-121	121	50	71	22,7 u	ß
jood	I	127	53	74	–	–
jood	I-131	131	53	78	8,0 dg	ß, γ
wolfraam	W	184	74	110	–	–
goud	Au	197	79	118	–	–
kwik	Hg	202	80	122	–	–
lood	Pb	208	82	126	–	–
lood	Pb-209	209	82	127	3,3 u	ß
uranium	U-235	235	92	143	$7{,}04 \cdot 10^8$ j	α
uranium	U-238	238	92	146	$4{,}47 \cdot 10^9$ j	α, γ
plutonium	Pu-239	239	94	145	$2{,}4 \cdot 10^4$ j	α, γ
plutonium	Pu-241	241	94	147	14 j	α, ß

verandering in het ontwerp om de boot lichter te maken. 10=c 12=a

33 Lijst van atoomsoorten

	symbool	*atoom-nummer*	*relatieve atoom-massa*
actinium	Ac	89	227
aluminium	Al	13	27,0
americium	Am	95	243
antimoon	Sb	51	121,8
argon	Ar	18	39,9
arseen	As	33	74,9
astaat	At	85	210
barium	Ba	56	137,3
berkelium	Bk	97	247
beryllium	Be	4	9,0
bismut	Bi	83	209,0
bohrium	Bh	107	264
boor	B	5	10,8
broom	Br	35	79,9
cadmium	Cd	48	112,4
calcium	Ca	20	40,1
californium	Cf	98	251
cerium	Ce	58	140,1
cesium	Cs	55	132,9
chloor	Cl	17	35,5
chroom	Cr	24	52,0
curium	Cm	96	247
darmstadtium	Ds	110	271
dubnium	Db	105	262
dysprosium	Dy	66	162,5
einsteinium	Es	99	252
erbium	Er	68	167,3
europium	Eu	63	152,0

	symbool	*atoom-nummer*	*relatieve atoom-massa*
fermium	Fm	100	257
fluor	F	9	19,0
fosfor	P	15	31,0
francium	Fr	87	223
gadolinium	Gd	64	157,3
gallium	Ga	31	69,7
germanium	Ge	32	72,6
goud	Au	79	197,0
hafnium	Hf	72	178,5
hassium	Hs	108	265
helium	He	2	4,0
holmium	Ho	67	164,9
ijzer	Fe	26	55,8
indium	In	49	114,8
iridium	Ir	77	192,2
jood	I	53	126,9
kalium	K	19	39,1
kobalt	Co	27	58,9
koolstof	C	6	12,0
koper	Cu	29	63,5
krypton	Kr	36	83,8
kwik	Hg	80	200,6
lanthaan	La	57	138,9
lawrencium	Lr	103	257
lithium	Li	3	6,9
lood	Pb	82	207,2
lutetium	Lu	71	175,0
magnesium	Mg	12	24,3

magneten hebben niks te maken
met computers

15 a en e

vervolg ▶

Lijst van atoomsoorten

	symbool	*atoom-nummer*	*relatieve atoom-massa*
mangaan	Mn	25	54,9
meitnerium	Mt	109	268
mendelevium	Md	101	257
molybdeen	Mo	42	95,9
natrium	Na	11	23,0
neodymium	Nd	60	144,2
neon	Ne	10	20,2
neptunium	Np	93	237
nikkel	Ni	28	58,7
niobium	Nb	41	92,9
nobelium	No	102	255
osmium	Os	76	190,2
palladium	Pd	46	106,4
platina	Pt	78	195,1
plutonium	Pu	94	244
polonium	Po	84	209
praseodymium	Pr	59	140,9
promethium	Pm	61	145
protactinium	Pa	91	231
radium	Ra	88	226
radon	Rn	86	222
renium	Re	75	186,2
rhodium	Rh	45	102,9
roentgenium	Rg	111	272
rubidium	Rb	37	85,5
ruthenium	Ru	44	101,1
rutherfordium	Rf	104	259
samarium	Sm	62	150,4

	symbool	*atoom-nummer*	*relatieve atoom-massa*
scandium	Sc	21	45,0
seaborgium	Sg	106	263
seleen	Se	34	79,0
silicium	Si	14	28,1
stikstof	N	7	14,0
strontium	Sr	38	87,6
tantaal	Ta	73	180,9
technetium	Tc	43	97
telluur	Te	52	127,6
terbium	Tb	65	158,9
thallium	Tl	81	204,4
thorium	Th	90	232,0
thulium	Tm	69	168,9
tin	Sn	50	118,7
titaan	Ti	22	47,9
ununnillium	Uun	110	271
uraan	U	92	238,0
vanadium	V	23	50,9
waterstof	H	1	1,0
wolfraam	W	74	183,9
xenon	Xe	54	131,3
ytterbium	Yb	70	173,0
yttrium	Y	39	88,9
zilver	Ag	47	107,9
zink	Zn	30	65,4
zirkonium	Zr	40	91,2
zuurstof	O	8	16,0
zwavel	S	16	32,1

9. 27 °F is kelvin

11. de dichtheid is groter dan die van de water

14 water/zeewater

18 bene

Periodiek systeem van de elementen

Voorbeeld:

symbool naam + atoomnummer relatieve atoommassa

metalen

niet-metalen

groep

periode	1	2	3	4	5	6	7	8	9
1	**H** waterstof 1 1,0								
2	**Li** lithium 3 6,9	**Be** beryllium 4 9,0							
3	**Na** natrium 11 23,0	**Mg** magnesium 12 24,3							
4	**K** kalium 19 39,1	**Ca** calcium 20 40,1	**Sc** scandium 21 45,0	**Ti** titaan 22 47,9	**V** vanadium 23 50,9	**Cr** chroom 24 52,0	**Mn** mangaan 25 54,9	**Fe** ijzer 26 55,8	**Co** kobalt 27 58,9
5	**Rb** rubidium 37 85,5	**Sr** strontium 38 87,6	**Y** yttrium 39 88,9	**Zr** zirkonium 40 91,2	**Nb** niobium 41 92,9	**Mo** molybdeen 42 95,9	**Tc** technetium 43 97	**Ru** ruthenium 44 101,1	**Rh** rhodium 45 102,9
6	**Cs** cesium 55 132,9	**Ba** barium 56 137,3	**La** lanthaan 57 138,9	**Hf** hafnium 72 178,5	**Ta** tantaal 73 180,9	**W** wolfraam 74 183,9	**Re** renium 75 186,2	**Os** osmium 76 190,2	**Ir** iridium 77 192,2
7	**Fr** francium 87 223	**Ra** radium 88 226	**Ac** actinium 89 227	**Rf** rutherfordium 104 259	**Db** dubnium 105 262	**Sg** seaborgium 106 263	**Bh** bohrium 107 262	**Hs** hassium 108 265	**Mt** meitnerium 109 265

Lanthaniden	**Ce** cerium 58 140,1	**Pr** praseodymium 59 140,9	**Nd** neodymium 60 144,2	**Pm** promethium 61 145	**Sm** samarium 62 150,4
Actiniden	**Th** thorium 90 232,0	**Pa** protactinium 91 231	**U** uraan 92 238,0	**Np** neptunium 93 237	**Pu** plutonium 94 244

vervolg ▸

10	11	12	13	14	15	16	17	18
								He helium 2 4,0
			B boor 5 10,8	**C** koolstof 6 12,0	**N** stikstof 7 14,0	**O** zuurstof 8 16,0	**F** fluor 9 19,0	**Ne** neon 10 20,2
			Al aluminium 13 27,0	**Si** silicium 14 28,1	**P** fosfor 15 31,0	**S** zwavel 16 32,1	**Cl** chloor 17 35,5	**Ar** argon 18 39,9
Ni nikkel 28 58,7	**Cu** koper 29 63,5	**Zn** zink 30 65,4	**Ga** gallium 31 69,7	**Ge** germanium 32 72,6	**As** arseen 33 74,9	**Se** seleen 34 79,0	**Br** broom 35 79,9	**Kr** krypton 36 83,8
Pd palladium 46 106,4	**Ag** zilver 47 107,9	**Cd** cadmium 48 112,4	**In** **indium** 49 114,8	**Sn** tin 50 118,7	**Sb** antimoon 51 121,8	**Te** telluur 52 127,6	**I** jood 53 126,9	**Xe** xenon 54 131,3
Pt platina 78 195,1	**Au** goud 79 197,0	**Hg** kwik 80 200,6	**Tl** thallium 81 204,4	**Pb** lood 82 207,2	**Bi** bismut 83 209,0	**Po** polonium 84 209,0	**At** astaat 85 210	**Rn** radon 86 222,0
Ds darmstadtium 110 271	**Rg** roentgenium 111 272							

Eu europium 63 152,0	**Gd** gadolinium 64 157,3	**Tb** terbium 65 158,9	**Dy** dysprosium 66 162,5	**Ho** holmium 67 164,9	**Er** erbium 68 167,3	**Tm** thulium 69 168,9	**Yb** ytterbium 70 173,0	**Lu** lutetium 71 175,0
Am americium 95 243	**Cm** curium 96 247	**Bk** berkelium 97 247	**Cf** californium 98 251	**Es** einsteinium 99 252	**Fm** fermium 100 257	**Md** mendelevium 101 257	**No** nobelium 102 255	**Lr** lawrencium 103 257

Oplosbaarheid van zouten in water

	OH^-	O^{2-}	Cl^-	Br^-	I^-	F^-	S^{2-}	NO_3^-	CO_3^{2-}	SO_4^{2-}	PO_4^{3-}
Ag^+	–	s	s	s	s	g	s	g	s	m	s
Al^{3+}	s	s	g	g	g	g	–	g	–	g	s
Ba^{2+}	g	–	g	g	g	m	m	g	s	s	s
Ca^{2+}	m	–	g	g	g	s	m	g	s	m	s
Cu^{2+}	s	s	g	g	–	g	s	g	s	g	s
Fe^{2+}	s	s	g	g	g	m	s	g	s	g	s
Fe^{3+}	s	s	g	g	–	m	s	g	–	g	s
Hg^{2+}	–	s	g	m	s	–	s	g	s	–	s
K^+	g	–	g	g	g	g	g	g	g	g	g
Mg^{2+}	s	s	g	g	g	s	s	g	s	g	s
Na^+	g	–	g	g	g	g	g	g	g	g	g
NH_4^+	–	–	g	g	g	g	–	g	–	g	–
Pb^{2+}	s	s	m	m	s	m	s	g	s	s	s
Sn^{2+}	s	s	g	g	g	g	s	–	–	g	s
Zn^{2+}	s	s	g	g	g	g	s	g	s	g	s

g = goed oplosbaar
m = matig oplosbaar
s = slecht oplosbaar
– = bestaat niet of reageert met water

Zuur-base-indicatoren

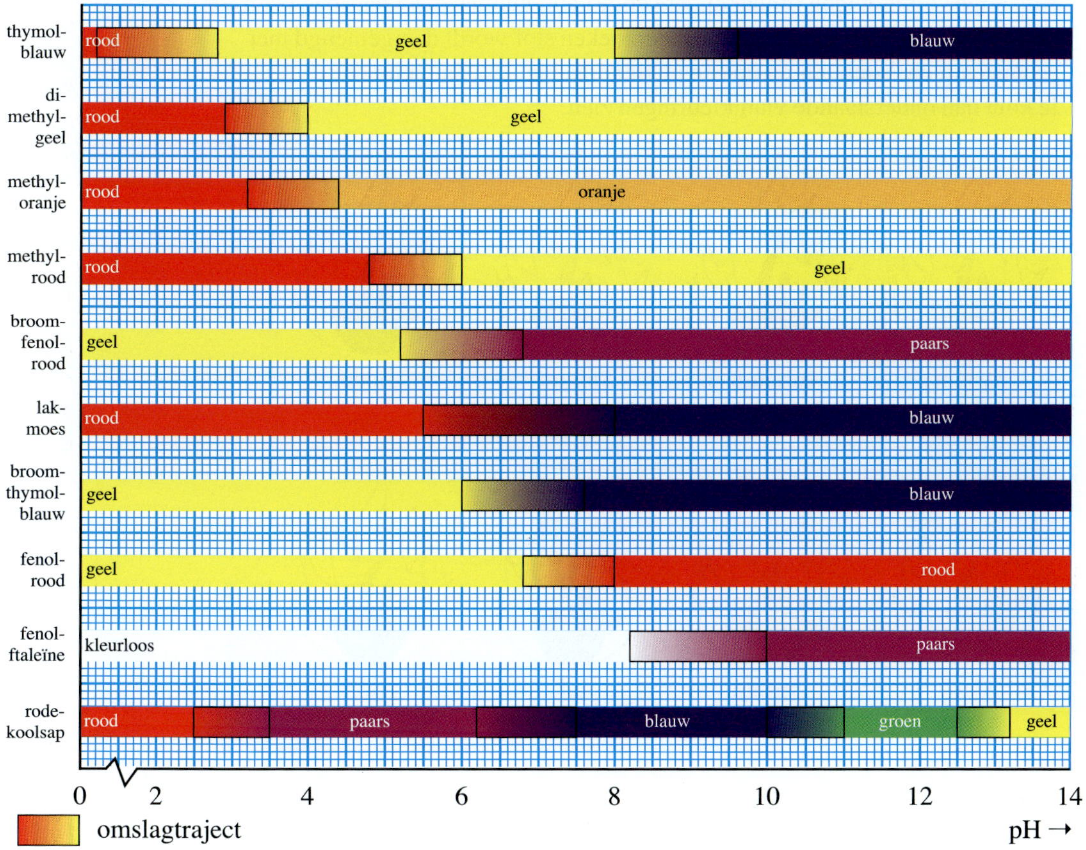

Samenstelling van legeringen

legering	*samenstellende metalen*	*enkele toepassingen*
amalgaam	kwik met ander metaal	zilveramalgaam om tanden en kiezen te vullen
brons	koper en tin	munten, beelden, kerkklokken
duraluminium	aluminium, koper en magnesium	kookpannen, in de vliegtuigindustrie
messing	koper en zink	waterkranen
nieuw zilver	koper, nikkel, zink en ijzer	tafelbestek
nordic gold	koper, aluminium, zink en tin	eurocenten (10, 20 en 50)
roestvast staal	ijzer en chroom (of nikkel) en koolstof (= niet-metaal)	tafelbestek, machineonderdelen
soldeer	tin en lood	metalen solderen
staal	ijzer, mangaan en koolstof (= niet-metaal)	fietsframes, staalbalken, in de autoindustrie

38 Vlamkleuring

Vluchtige verbindingen (onder andere chloriden) kunnen een kleurloze vlam een karakteristieke kleur geven. De te onderzoeken stof wordt dan gemengd met geconcentreerd zoutzuur en op een platinadraad in de vlam gebracht.
Je kunt dan onderstaande vlamkleuringen zien.

barium calcium kalium koper

lood natrium tin zink

metaal	*vlamkleuring*
barium	geelgroen
calcium	steenrood
kalium	zwak violet
koper	groen
lood	zwak blauw
natrium	geel
tin	blauwpaars
zink	helderblauw

Pictogrammen gevaarlijke stoffen 39

Etiketteringssysteem volgens Europese richtlijnen, op verpakkingen, bij gebruik, bij opslag en bij vervoer van gevaarlijke stoffen.

gebruik

opslag

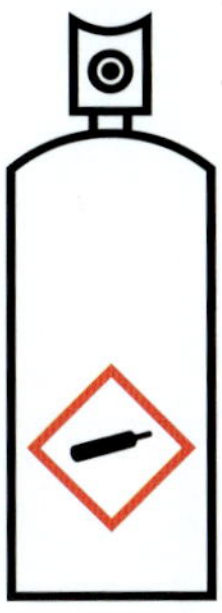

transport

explosief

ontvlambaar

oxiderend

gassen onder druk

corrosief

giftig

irriterend, sensibiliserend
schadelijk

op lange termijn
gezondheidsgevaarlijk

gevaarlijk voor
waterrijk milieu

40 Gevaarlijke chemicaliën

Uitgebreide gegevens staan op de *Chemiekaarten* van het Veiligheidsinstituut, Amsterdam.

	MAC-waarde (maximaal aanvaardbare concentratie) in mg/m³ lucht	*giftig bij inademen van gas, damp of stof*	*giftig bij inwendig gebruik*	*gevaarlijk voor huid en ogen*	*brand- en/of explosiegevaar*	*het meest opmerkelijke gevaaraspect*	*bijzonderheden/hoe te handelen bij ongelukken*
aceton [propanon]	1780	■	■	■	■	zeer brandbaar	
ammonia, ammoniak	18	■	■	■	■	gevaarlijke dampen	explosief met halogenen, kwik of zilver(I)oxide
ammoniumnitraat		■	■	■	■	explosiegevaar	explosief in gesmolten toestand of met organische stoffen
ammoniumsulfide		■	■	■	■	gevaarlijke dampen	
azijnzuur [ethaanzuur]	25	■	■	■	■	bijtend	
barium en bariumverbindingen (behalve $BaSO_4$)	0,7	■	■	■			
benzeen	30	■	■	■	■	kankerverwekkend	niet gebruiken als andere stoffen mogelijk zijn
benzine		■	■	■	■	explosiegevaar	
boor en boorverbindingen			■	■			
broom	0,7	■	■	■		gevaarlijke dampen	
butanolen	300	■	■	■	■	gevaarlijke dampen	
calcium		■	■	■	■	brandgevaar	branden blussen met zand
calciumoxide	5	■	■	■	■		
carbid [calciumacetylide]		■	■	■	■	explosiegevaar	branden blussen met zand; met water ontstaat het zeer brandbare acetyleen
chloor	3	■	■	■	■	zeer giftig	explosief met waterstof, acetyleen of ammoniak
chloroform [trichloormethaan]	240	■	■	■	■	gevaarlijke dampen	explosief met sterke basen
chroom(VI)oxide		■	■	■	■	bijtend	bij veel reacties kans op brand of explosie

vervolg ▸

	MAC-waarde (maximaal aanvaardbare concentratie) in mg/m³ lucht	*giftig bij inademen van gas, damp of stof*	*giftig bij inwendig gebruik*	*gevaarlijk voor huid en ogen*	*brand- en/of explosiegevaar*	*het meest opmerkelijke gevaaraspect*	*bijzonderheden/hoe te handelen bij ongelukken*
ethanol (ethylalcohol, alcohol)	1900	■	■	■	■	verslavingsgevaar	vaak gemengd met het zeer giftige methanol (methyl-alcohol)
ether [ethoxyethaan]	1200	■	■	■	■	explosiegevaar	verdampt zeer snel en de damp is met zuurstof (lucht) explosief; vloeistof na lang staan ook explosief
fluor	2	■		■	■	zeer giftig	reageert heftig met vele stoffen, onder andere met waterstof
fluoriden (oplosbare)	2,5	■	■	■			
formaldehyde [methanal], (formaline)	1,5	■	■	■	■	bijtend	
fosfor (rood)				■	■		
fosfor (wit)	0,1	■	■	■	■	uiterst brandbaar	kan spontaan aan de lucht ontbranden; onder water bewaren
fosforpentoxide [difosforpentaoxide]	1	■	■	■		bijtend	reageert heftig met water
fosforzuur	1	■	■	■		bijtend	
jood	1	■	■	■			vormt met ammoniak explosieve verbindingen
kalium		■	■	■	■	zeer brandbaar	branden blussen met zand; onder petroleum bewaren
kaliumcarbonaat		■	■	■			
kaliumchloraat		■	■	■	■	explosiegevaar	explosief door verhitting; gemengd met zwavel, fosfor en andere oxideerbare stoffen explosief bij stoten of wrijven
kaliumhydroxide, kaliloog	2	■	■	■		bijtend	
kaliumpermanganaat	1	■	■	■	■	bijtend	explosief met vele stoffen onder andere met geconcentreerd zwavelzuur

vervolg ▸

	MAC-waarde (maximaal aanvaardbare concentratie) in mg/m^3 lucht	*giftig bij inademen van gas, damp of stof*	*giftig bij inwendig gebruik*	*gevaarlijk voor huid en ogen*	*brand- en/of explosiegevaar*	*het meest opmerkelijke gevaaraspect*	*bijzonderheden/hoe te handelen bij ongelukken*
koolstofdioxide	9000	■	■	■			koolzuursneeuw kan brandwonden geven
koolstofmono-oxide	55	■			■	giftig	bij vergiftiging zuurstof toedienen
koperzouten		■	■				
kwik	0,05	■	■	■		uiterst giftig	explosief met ammoniak, acetyleen of oxaalzuur
kwikverbindingen (oplosbare)	0,05	■	■	■		zeer giftig	
lood en loodverbindingen	0,15	■	■	■		zeer giftig	
magnesium		■	■	■	■	uiterst brandbaar	fijn verdeeld magnesium kan explosief ontbranden; blussen met zand
natrium		■	■	■	■	zeer brandbaar	branden blussen met zand; onder petroleum bewaren
natriumcarbonaat		■	■	■			
natriumhydroxide, (natronloog)	2	■	■	■		bijtend	
nitraten		■	■	■	■	explosiegevaar	vooral organische nitraten zijn explosief
organische halogeen-verbindingen		■	■	■	■		
ozon	0,2	■			■	giftig	
petroleum	500	■	■	■	■		
salpeterzuur	5	■	■	■	■	bijtend	geconcentreerd salpeterzuur kan papier, hout en dergelijke doen verkolen; geeft gele vlekken op de huid
waterstof					■	explosiegevaar	explosief met zuurstof, chloor of fluor
waterstofperoxide	1,4	■	■	■	■	explosiegevaar	explosief door verhitten, licht of katalysatoren; in donker bewaren

vervolg ▶

	MAC-waarde (maximaal aanvaardbare concentratie) in mg/m³ lucht	*giftig bij inademen van gas, damp of stof*	*giftig bij inwendig gebruik*	*gevaarlijk voor huid en ogen*	*brand- en/of explosiegevaar*	*het meest opmerkelijke gevaaraspect*	*bijzonderheden/hoe te handelen bij ongelukken*
zilver(I)nitraat	0,01	■	■	■	■	bijtend	geeft zwarte vlekken op de huid
zinkchloride	1	■	■	■		bijtend	
zoutzuur	7	■	■	■		bijtend	
zwavel		■		■	■	brandgevaar	
zwaveldioxide	5	■		■		zeer giftig	
zwavelzuur	1	■	■	■	■	bijtend	zwavelzuur kan huid, kleren en dergelijke doen verkolen; altijd geconcentreerd zwavelzuur voorzichtig in water gieten; *nooit omgekeerd*

ijs is een vaste stof, bij een vaste stof bewegen de moleculen heel langzaam en zitten ze heel dichtbij elkaar. zodra de tempratuur verhoogd zullen de moleculen sneller bewegen en zal het veranderen in en vloeibare of vaste stof

8: a

41 Voorbeeld van een stroomschema en van een productieproces

Stroomschema: van aardolie naar plastics

Productieproces: destilleerkolom met producten en toepassingen

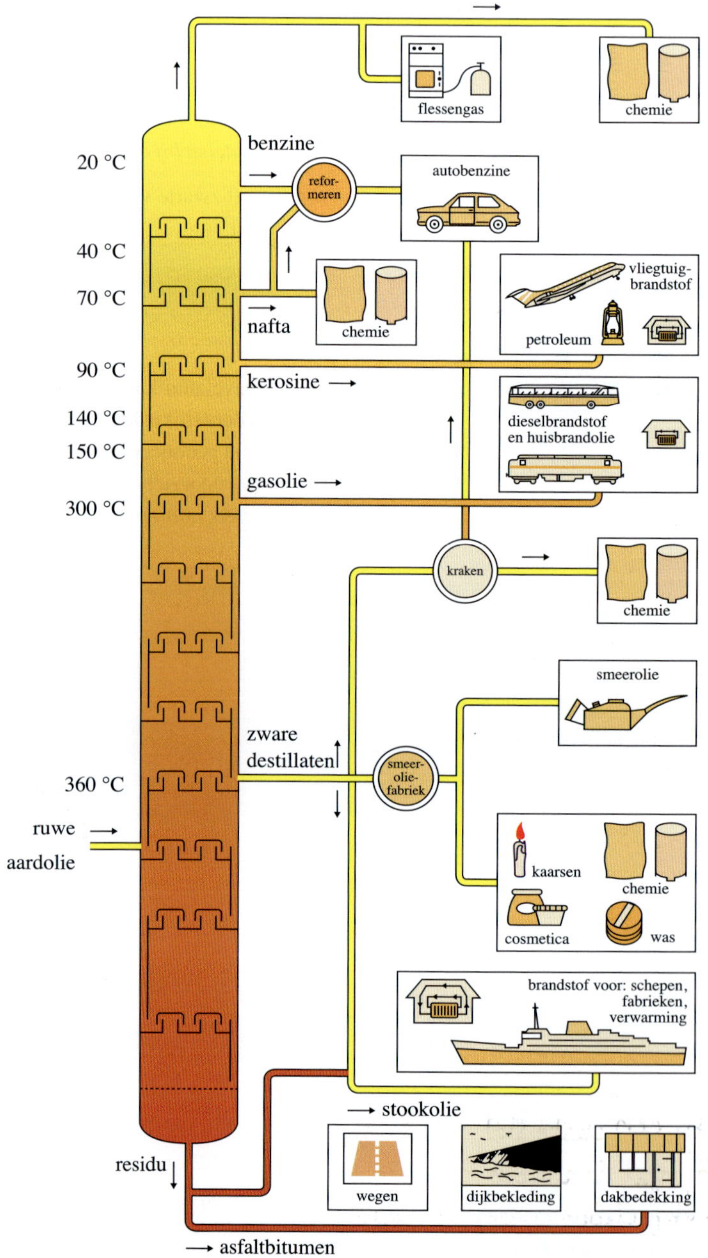

triviale naam	*rationele naam*
aardgas	methaan ▶ [1]
accuzuur	zwavelzuur
aceton	propanon
alcohol	ethanol
ammonia	oplossing van ammoniak in water
azijnzuur	ethaanzuur
barietwater	oplossing van bariumhydroxide in water
bietsuiker	sacharose
bitterzout	magnesiumsulfaatheptahydraat
blauwzuur	waterstofcyanide
boterzuur	butaanzuur
broomwater	oplossing van broom in water
bruinsteen	mangaan(IV)oxide ▶ [1]
butagas	butaan ▶ [1]
calciet	calciumcarbonaat ▶ [1]
carbid	calciumacetylide ▶ [1]
caustieke soda	natriumhydroxide
chilisalpeter	natriumnitraat ▶ [1]
chloorwater	oplossing van chloor in water
chloroform	trichloormethaan
citroenzuur	2-hydroxy-1,2,3-propaantricarbonzuur
druivensuiker, Dextrose	glucose
ether	ethoxyethaan
ethylalcohol	ethanol
ferri–	ijzer(III)
ferro–	ijzer(II)
fluoriet	calciumfluoride ▶ [1]
formaldehyde	methanal
formaline	oplossing van methanal
fructose	1,3,4,5,6-pentahydroxy-2-hexanon
gebluste kalk	calciumhydroxide ▶ [1]
gips	calciumsulfaat-dihydraat
glauberzout	natriumsulfaatdecahydraat
glucose	2,3,4,5,6-pentahydroxyhexanal
glycerine	1,2,3-propaantriol
glycerol	1,2,3-propaantriol
glycol	1,2-ethaandiol
helse steen	zilver(I)nitraat
houtgeest	methanol
jodium	jood
kali	kaliumchloride
kaliloog	oplossing van kaliumhydroxide in water
kalkspaat	calciumcarbonaat ▶ [1]
kalksteen	calciumcarbonaat ▶ [1]
kalkwater	oplossing van calciumhydroxide in water

vervolg ▶

Naamgeving chemische stoffen

triviale naam	*rationele naam*
keukenzout	natriumchloride
kolendamp	koolstofmono-oxide
koningswater	mengsel van geconcentreerd salpeterzuur en geconcentreerd zoutzuur
koolzuurgas	koolstofdioxide
koolzuursneeuw	vast koolstofdioxide
kopervitriool	koper(II)sulfaatpentahydraat
kwarts	siliciumdioxide ►[1]
lachgas	distikstofmono-oxide
magnesia	magnesiumoxide ►[1]
marmer	calciumcarbonaat ►[1]
melksuiker	lactose
melkzuur	2-hydroxypropaanzuur
mierenzuur	methaanzuur
mijngas	methaan ►[1]
moerasgas	methaan ►[1]
moutsuiker	maltose
natronkalk	mengsel van natriumhydroxide, calciumoxide en calciumhydroxide
natronloog	oplossing van natriumhydroxide in water
norit	koolstof ►[1]
ongebluste kalk	calciumoxide ►[1]
rietsuiker	sacharose
salmiak	ammoniumchloride
salpeter	kaliumnitraat
soda	natriumcarbonaat (decahydraat)
spiritus	ethanol ►[1]
stearinezuur	octadecaanzuur
steenzout	natriumchloride ►[1]
sterk water	ethanol ►[1] of methanoloplossing
sucrose, suiker	sacharose
teflon	polytetrafluoretheen
ureum	diamide van koolzuur
vinylchloride	chlooretheen
vitriool	zwavelzuur
vruchtensuiker	fructose
zand	siliciumdioxide ►[1]
zoutzuur	oplossing van waterstofchloride in water
zuiveringszout	natriumwaterstofcarbonaat
zwavelwaterstof	waterstofsulfide
zwavelijzer	ijzer(II)sulfide

► 1 belangrijkste bestanddeel

43 Klein chemisch afval, groente-, fruit- en tuinafval en recycling

Welke soort afval is het?	*Waar lever je het in?*	*Wat gebeurt er daarna mee?* *
klein chemisch afval (KCA) batterijen, spaarlampen, tl-lampen, lampolie, vloeibare gootsteen-ontstopper, verf, lakken, kwastenreiniger, petroleum, benzine, motorolie, oliefilters, bestrijdingsmiddelen, kwikthermometer, medicijnen, foto-ontwikkelaar, zoutzuur, accu's, zware metalen	bij een verzamelpunt van de gemeente	speciale stortplaats, of hergebruik (recycling)
groente-, fruit-, en tuinafval (GFT) aardappelschillen, fruitschillen, etensresten, snijbloemresten, mest, strooisel voor o.a. kippen en cavia's, koffiedik, papieren filterzakjes, thee-bladeren, uitgebloeide bloemen, gemaaid gras, snoeimateriaal, afgevallen blad, eierschalen	**1** op je eigen composthoop **2** (in biobak) bij de vuilnisman van de gemeente	**1** compost voor bemesting van eigen tuin- en kamerplanten **2** compost voor de verkoop in winkels
glas	glasbak (gemeente)	glasfabriek, grondstof voor nieuwe glasproducten
plastic flessen, folie, shampoo- en wasmiddelenflacons, plastic tassen, sausflessen	plastic bak (gemeente)	kunststoffabriek, grondstof voor kunststof verpakkingen, fleece kleding, speelgoed, plastic bekertjes, tennisballen
papier/karton	papierbak (gemeente), vereniging, school, kringloopbedrijf, oud-papierhandel	papierfabriek, grondstof voor karton en kringlooppapier
blik	blikbak (gemeente), oud-metaalhandel, kringloopbedrijf	metaalsmelterij, grondstoffen ijzer en tin worden hergebruikt
aluminium en koper melkdoppen, folie, lege tubes, bromfietsplaatjes, fluitketels, pannen	oud-metaalhandel, kringloopbedrijf, verzamelpunt van de gemeente	metaalsmelterij, grondstoffen aluminium en koper worden hergebruikt

* Aan dit symbool zie je of een verpakking van een product geschikt is voor hergebruik (recycling).

Afbraaktijden

De afbraaktijd is de tijd die het duurt totdat afval vergaan of verteerd is.
De afbraaktijd is voor elk materiaal verschillend.

materiaal	*afbraaktijd*	*informatie*
klokhuis van appel	14 dagen	
kranten (papier)	paar dagen - 6 maanden	afhankelijk van het weer
karton (koffiebeker, dozen)	minimaal 6 maanden	als er een coating op zit nog langer
natuurrubber	1 jaar	
sinaasappelschil	1-3 jaar	afhankelijk van het weer
bananenschil	1-3 jaar	afhankelijk van het weer
sigarettenpeuk	2 jaar	
petfles	5 jaar	in de zon
petfles	10 jaar	in de schaduw
PVC	5-10 jaar	
kauwgom	20-25 jaar	
blikje (frisdrank, bier)	50 jaar	het stalen gedeelte
blikje (frisdrank, bier)	> 100 jaar	het aluminium gedeelte
nylon (koord)	1-500 jaar	
koffiebeker, plastic	> 1000 jaar	
patatbakje, plastic	> 1000 jaar	
piepschuim	> 1000 jaar	
plastic voor het bij elkaar houden van blikjes (sixpack)	> 1000 jaar	

Opmerking Waar het om een serie Europese E-nummers gaat uit dezelfde groep, zoals bijvoorbeeld voor benzoaten (E-210 tot en met E-213), dan is dat in de tabel genoteerd als E-210/13.

E-nr	*naam*	*functie*
Kleurstoffen		
E-100	curcumine	gele kleurstof
E-101	riboflavine	gele kleurstof
E-102	tartrazine	gele kleurstof
E-104	chinoline	gele kleurstof
E-110	oranjegeel	gele kleurstof
E-120	cochenille	rode kleurstof
E-122	azorubine	rode kleurstof
E-123	amarant	rode kleurstof
E-124	cochenillerood	rode kleurstof
E-127	erythrosine	rode kleurstof
E-131	patentblauw	blauwe kleurstof
E-132	indigotine	blauwe kleurstof
E-140/141	chlorophyllen	groene kleurstof
E-150	caramel	bruine kleurstof
E-151	briljantzwart	zwarte kleurstof
E-153	actieve kool	zwarte kleurstof
E-160	carotenoïden	oranje kleurstof
E-162	bietenrood	rode kleurstof
E-163	anthocyanen	rode/paarse kleurstof
Conserveermiddelen		
E-200/03	sorbinezuur	tegen schimmels
E-210/13	benzoaten	tegen bacteriën
E-214/19	parabenen	tegen schimmels
E-220/28	sulfieten	ook bleekmiddel
E-230	bifenyl	tegen schimmels
E-249/50	nitrieten	tegen bacteriën
E-251/52	nitraten	kleur-behoudend

E-nr	*naam*	*functie*
Voedingszuren en anti-oxydanten		
E-260/63	azijnzuur	conserveermiddel
E-270	melkzuur	conserveermiddel/ anti-oxydant
E-280/83	propionzuur	conserveermiddel
E-300	ascorbinezuur	anti-oxydant
E-306/09	tocoferol	anti-oxydant
E-310/12	gallaten/BHA-T	anti-oxydant
E-325/27	lactaten (resp. Na, K en Ba)	conserveermiddel/ anti-oxydant
E-330/33	citroenzuur	anti-oxydant
E-334/37	wijnsteenzuur	conserveermiddel/ anti-oxydant
E-338	fosforzuur	smaakstof
E-350/52	appelzuur	stabilisator
Emulgeermiddelen en verdikkingsmiddelen		
E-322	lecithine	emulgeermiddel
E-339/41	fosfaten	
E-400/05	alginaten	emulgeermiddel
E-406	agar-agar	verdikkingsmiddel
E-410	johannesbrood	verdikkingsmiddel
E-414	arabische gom	verdikkingsmiddel
E-440	pectinen	verdikkingsmiddel
E-441	gelatine	verdikkingsmiddel
E-460/66	celluloses	verdikkingsmiddel
Zoetstoffen		
E-420	sorbitol	
E-421	mannitol	
E-422	glycerol	
	aspartaam	
	sacharine	
Geur- en smaakstoffen, smaakversterkers		
E-620/25	glutamaat	smaakversterker
E-626/29	guanylzuur	smaakversterker
E-630/33	inosinaat	smaakversterker
	vanilline	geur/smaakstof
	kaneelaldehyde	geur/smaakstof
	anethol	anijsgeur/smaak

Register